U0394614

我的小小农场 ● 18

画说玉米

我的小小农场 18

画说玉米

【日】户泽英男●编文　【日】大久保宏昭●绘画

我的名字叫玉米。
无论在多么贫瘠的土地上都能健康成长，我可是一种很厉害的农作物。
基本上不用麻烦人类照看，褐色的玉米须还有特殊功效。
还有玉米衣、玉米茎、玉米叶也有很多用处！
啊，差点忘了最重要的事情，
那就是，我的味道也很好哦！

中国农业出版社
北　京

1 玉米的三重身份

小朋友，玉米是蔬菜还是粮食呢？在回答这个问题前，如果不清楚蔬菜和粮食的区别，那肯定答不上来啦！胡萝卜、白萝卜、番茄、茄子，这些用来做米饭配菜的植物，平时是不能作为主食的。与它们不同的是，大米、小麦和番薯分别是亚洲人、欧洲人和大洋洲人每天不可或缺的主食。那么，你现在知道玉米到底是主食还是配菜了吗？

在日本，玉米算蔬菜！

玉米不仅可以做成配菜、色拉、玉米羹，还是夏天最受欢迎的小吃。小摊上的玉米在烘烤之下发出吱吱声，真让人馋涎欲滴。从这个角度看，玉米在日本应当属于蔬菜。所以，甜味较重的玉米在日本很受欢迎。不过，甜味较重的玉米其实是未成熟的嫩玉米，如果是老玉米，种子里的糖分就变成了淀粉，玉米也就不那么甜了。

小玉米，算蔬菜！

小玉米其实就是玉米未成熟的雌穗。

玉米的**另一个身份**

玉米除了作为蔬菜，由于成熟的老玉米含有大量的淀粉，因此仍有许多民族把它当作主食。他们把玉米粒晾干之后磨成粉，加水揉制烤熟后食用。在古代，印加人与阿兹特克人就把玉米作为主食。哦，差点忘了，玉米片也属于粮食。所以说，玉米既是蔬菜也是粮食。

玉米不仅是**人类**的口粮

每到冬季，当缺乏青饲料牧草时，人们就会收割玉米粒或玉米叶、玉米茎，在青贮仓里发酵后作为饲料喂牛。这就是大家常说的青贮饲料（就像我们人类吃的腌咸菜）。即使存放一段时间，养分也不会流失，牛可喜欢吃啦！它们吃下很多青贮饲料就会产下好多牛奶。成熟的玉米粒也是鸡最喜欢的饲料。所以说，玉米的第三个身份就是家畜的饲料。

2 以玉米为原料还可以做出这么多东西！

玉米不仅可以当作人类的食物或家畜的饲料，还可以作为原料做出许多东西。工业酒精、啤酒、威士忌、麦芽糖等甜味剂，玉米油，甚至还有茶饮料都少不了它。

所以说，玉米除了前文提到的三个身份，其实还有许多用处呢。

▼从玉米中提炼出来的淀粉（玉米淀粉）

▲玉米衣玩偶

除此之外还能编成草鞋哦。

玉米是大家再熟悉不过的食材了，而在生活的其他领域，玉米也和我们息息相关，只不过要想发现它们可不容易哦。
▼玉米衣制作的草鞋
▼以玉米须为原料制作药品
玉米须
玉米
玉米油
▲从玉米胚芽提取
甜味剂
▲从玉米芯提取的玉米茶饮料

3 叶片的数量就是玉米的年龄

不同品种的玉米一生中能长出叶片的枚数是不一样的，所以，我们可以根据叶片的生长情况推测玉米的生长阶段。另外，玉米叶片的形状在不同的生长阶段也会发生很大的变化。等到玉米的叶子长齐，我们比比看哪个部位的叶子最大。想一想，这又是怎么回事呢？

【玉米叶的形状】

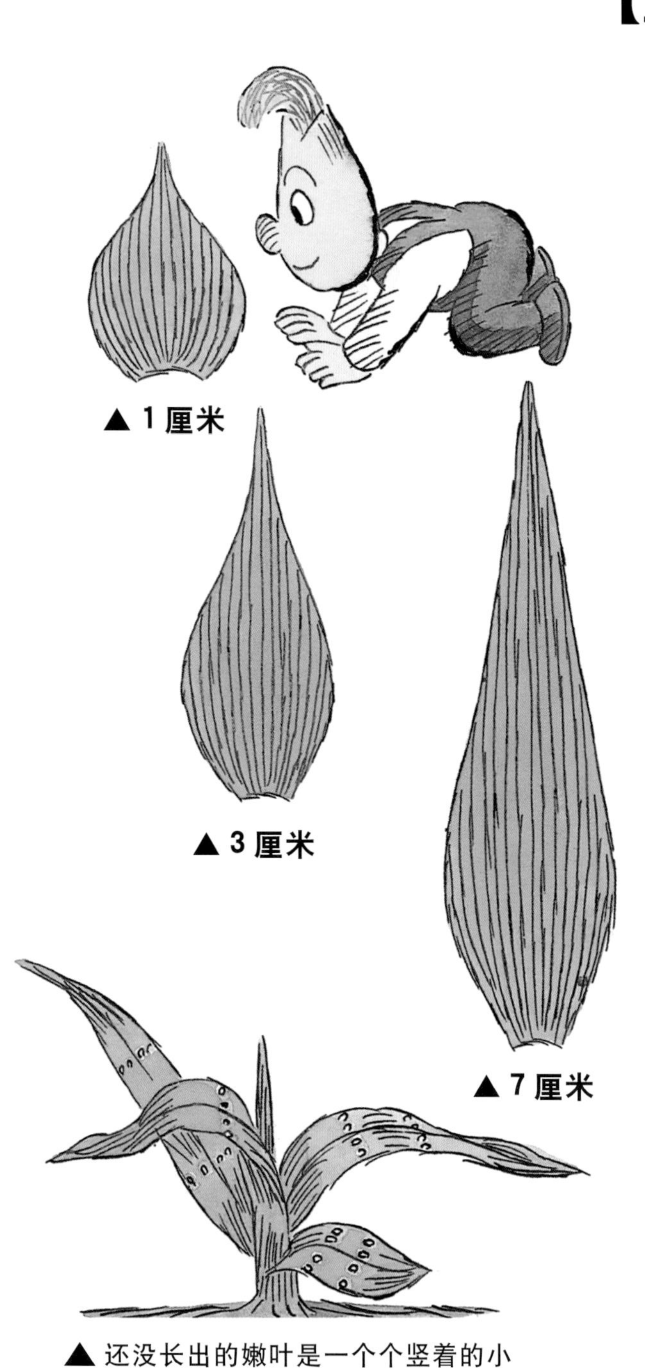

▲ 1 厘米

▲ 3 厘米

▲ 7 厘米

▲ 还没长出的嫩叶是一个个竖着的小卷，这个时候如果害虫钻了进去，待叶子舒展开就会出现一排左右对称的小孔。

▲ 30 厘米

▲ 100 厘米

【玉米各部分的名称】

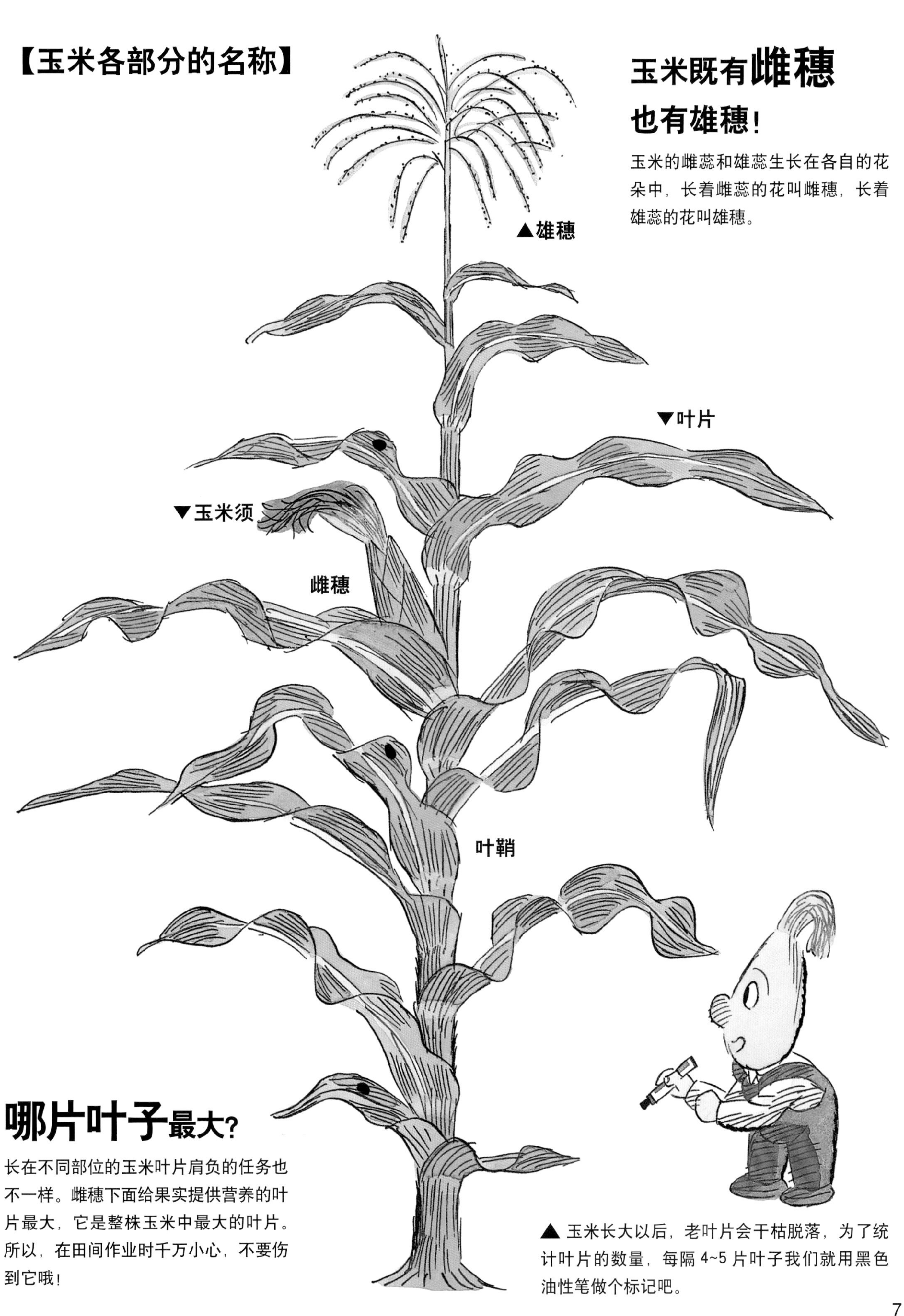

玉米既有**雌穗**也有雄穗!

玉米的雌蕊和雄蕊生长在各自的花朵中，长着雌蕊的花叫雌穗，长着雄蕊的花叫雄穗。

哪片叶子最大?

长在不同部位的玉米叶片肩负的任务也不一样。雌穗下面给果实提供营养的叶片最大，它是整株玉米中最大的叶片。所以，在田间作业时千万小心，不要伤到它哦!

▲ 玉米长大以后，老叶片会干枯脱落，为了统计叶片的数量，每隔 4~5 片叶子我们就用黑色油性笔做个标记吧。

4 毛茸茸的玉米须名堂可不小

小朋友们，买回来的玉米头上都带着茶褐色、毛茸茸的玉米须，你们知道它有什么用处吗？这可不是为了好看才长的哦，没有玉米须，玉米就不能结种。在详细解说前，我们先看看玉米花是什么样子吧。

玉米须其实是玉米的雌蕊

雌穗其实是由很多雌花组成的，每朵雌花都长着一根长长的须，一直延伸到玉米衣的外面，这就是玉米须。它的尖端就是柱头，当花粉落在这里的时候就会长出花粉管，一直延伸到玉米花里，这样玉米才会结种。每粒黄澄澄的玉米其实就是一朵玉米花变来的。

雄穗成熟之后玉米须才会长出

雄穗的花会长出 3 个花药，开始释放花粉的时候雌穗的玉米须才开始向外生长。这样一来，雄穗先成熟，雌穗后成熟，这样才可以接受其他玉米的花粉，才能保证结出多种多样的种子。

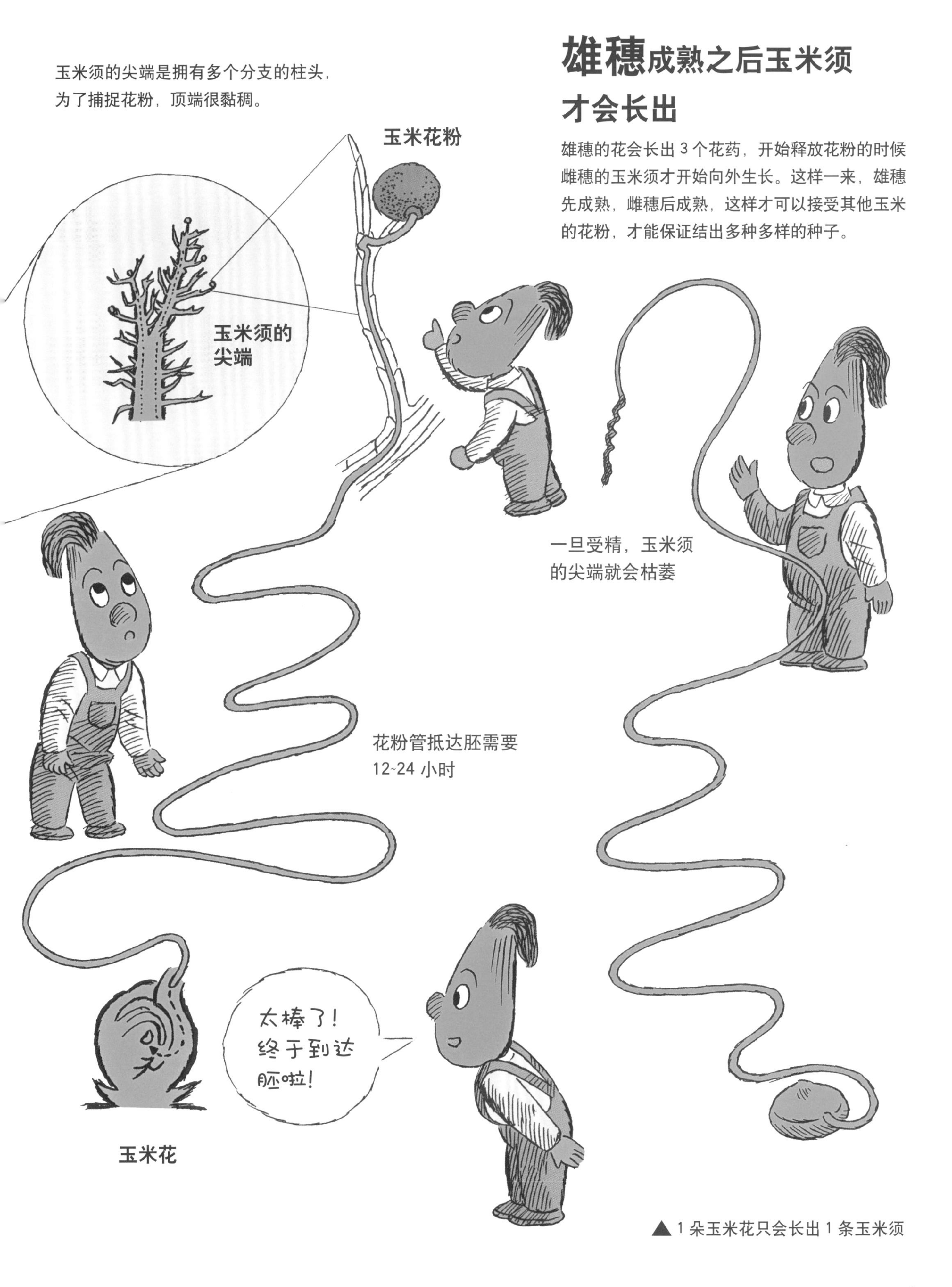

▲ 1 朵玉米花只会长出 1 条玉米须

5 玉米家族

目前，日本常见的玉米品种属于超甜玉米一族。出现在农产品店的主要有彼得玉米、卡利科玉米等许多不同种类的玉米。那种黄白相间的玉米被称为双色品种。硬质玉米的种子又硬又光滑，以前在日本是一种很常见的食物。制作爆米花必须用一种特殊的“爆米花玉米”才行哦。

甜玉米

在超甜玉米诞生之前，甜玉米一直是大家的最爱。日本札幌特产“大通烤玉米”就是甜玉米。它不仅可以生食，还可以做成全粒玉米和玉米浆罐头，或者磨成粉作为其他原料。

超甜玉米

就是小朋友们经常见到的那种很甜的玉米，干燥之后种子看上去皱皱巴巴的，所以外号叫皱褶（老人家的皱纹）玉米。超甜玉米比甜玉米更甜，所以借用“超人”的“超”字起了这个名字。现在，超甜玉米主要用于生食，不过美国还培育了一些专门做罐头的品种。

小玉米

原本是为了生食开发的玉米，一般采摘第 2 茬雌穗，其实就是刚刚长出还没成熟的雌穗。除了小玉米，还有些人叫它玉米笋。

硬质玉米

很久以前，日本一些地方不能种大米，于是当地人就把玉米当成了粮食。这种玉米没成熟的时候几乎不甜，但是有一股香甜的气味。墨西哥菜里的玉米卷饼的面皮就是用硬质玉米制作的。

爆米花玉米

本意是“会爆开的玉米”。因种子里面有少许柔软的淀粉，遇热后就会急速膨胀爆开（英语单词爆米花的意思是“开裂”！），所以才有了爆米花玉米这个名字。其实它也属于硬质玉米的一种，可以买一些做爆米花的玉米种子，种下去看看会结出什么。

6 栽培日历

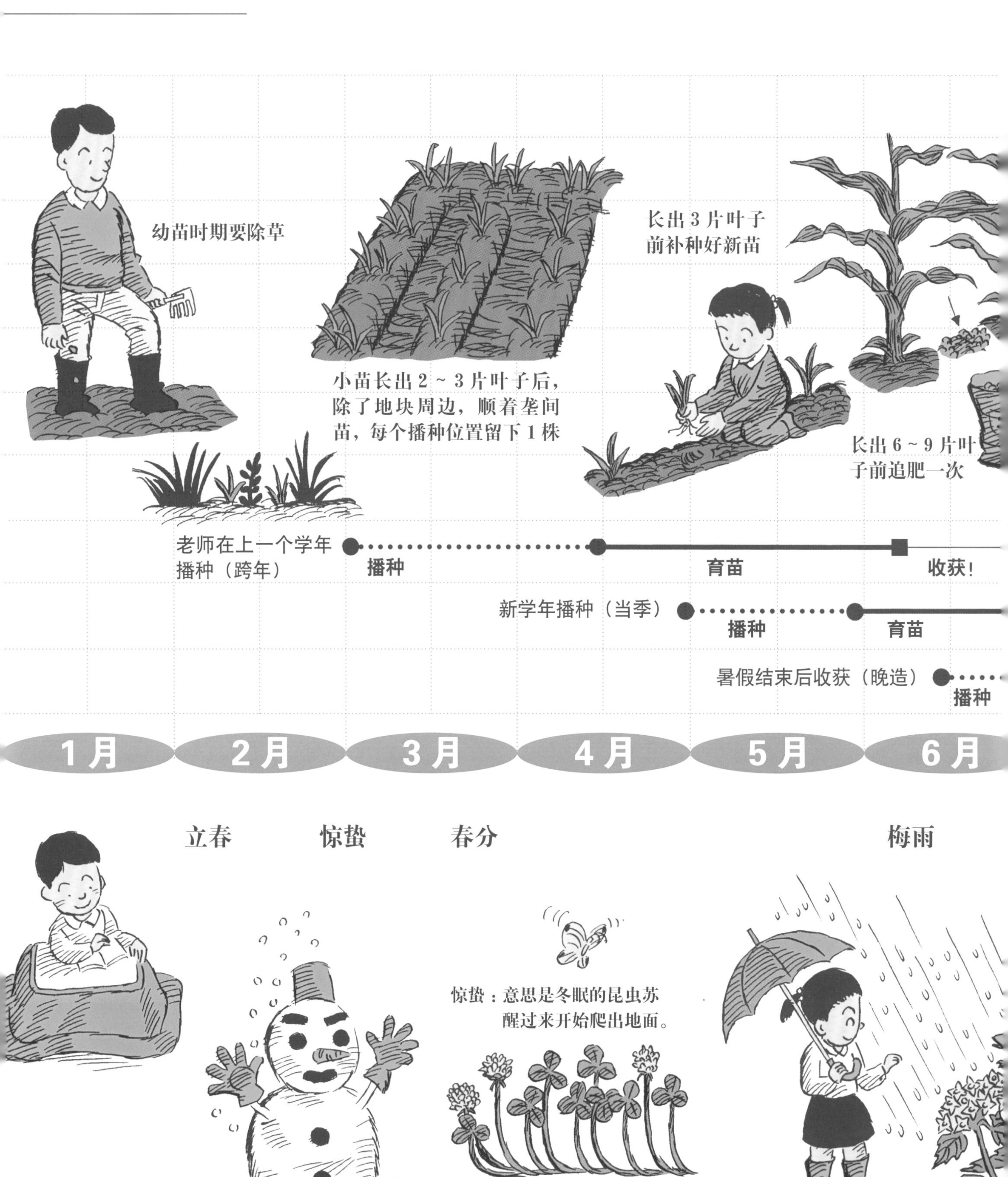

幼苗时期要除草
小苗长出2～3片叶子后，
除了地块周边，顺着垄间
苗，每个播种位置留下1株
长出3片叶子
前补种好新苗
长出6～9片叶
子前追肥一次
老师在上一个学年
播种（跨年）
播种
育苗
收获！
新学年播种（当季）
播种
育苗
暑假结束后收获（晚造）
播种
1月
2月
3月
4月
5月
6月
立春
惊蛰
春分
梅雨
惊蛰：意思是冬眠的昆虫苏
醒过来开始爬出地面。

长出7～8片叶子的时候是开花时节，一直到收获前为止，发现叶子打蔫儿就要立刻浇水
收获！
育苗
收获！
7月
8月
9月
10月
11月
12月

台风
绵绵秋雨
暑假

7 玉米能够净化土壤

播下玉米之后，玉米会吸收土壤中多余的肥料，这对土壤是个好消息。所以，种植玉米的时候千万别过度施肥。如果这块土地在前一年种过需要施重肥的蔬菜，只要追加少量肥料就足够了。而且，玉米不怕其他农作物感染的疾病，基本上，种过玉米的土地其他农作物都会长势良好。

土地选择

选择前一年没有种过稻科植物的地块，种过块根类蔬菜的土地最适合。发生过黑穗病的土地，至少 5 年之内不能种植玉米。

杂草较多的时候需要翻地

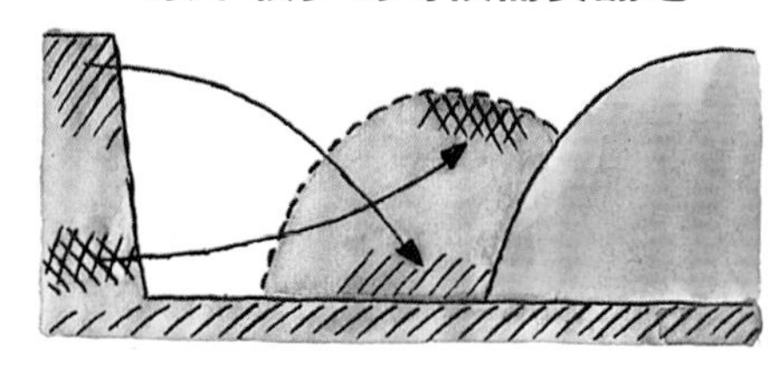

杂草较少时

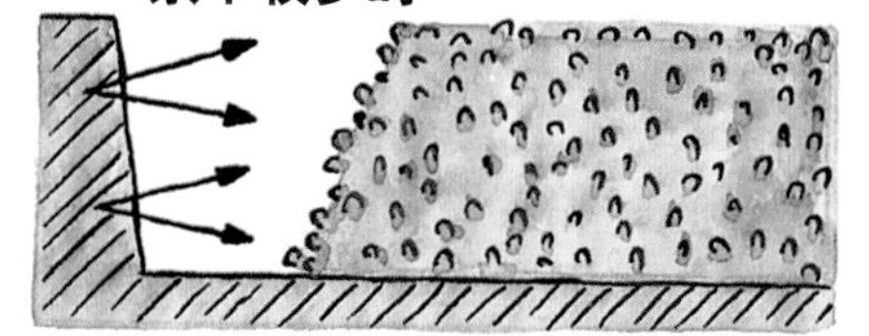

最理想的土壤分布

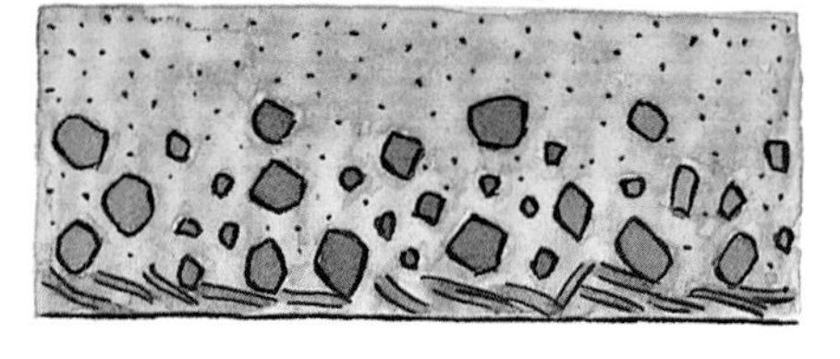

播种前的准备工作

土质较硬的土地应该在 1~2 周前铺上腐叶土或堆肥，防止下雨后出现土壤结块的现象。土质过硬的地块有可能导致玉米无法出芽。

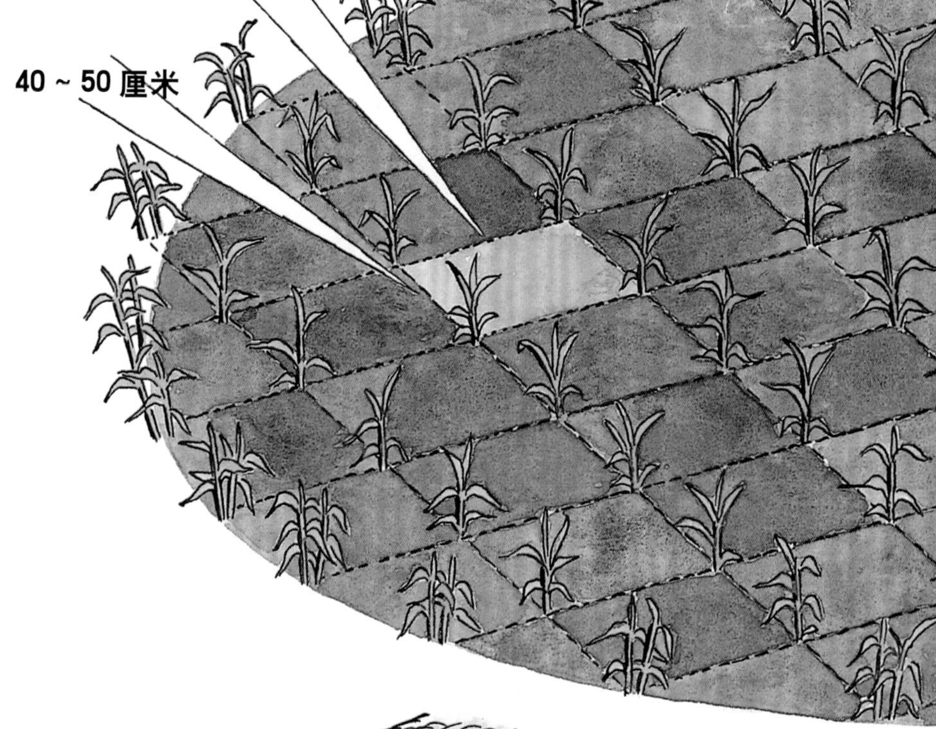

耕作方法

1. 耕作前拔掉杂草，用铁锹翻土再平整土地。注意不要把土块敲得过细，做到细土和土块相间。

2. 垄的高度不超过 70 厘米，株距保持在 20 厘米以上。如果条件允许，做到垄宽与株距相等。一般采用平顶垄，排水不畅的地块可以起 10~15 厘米的高垄。

3. 垄沟深 10 厘米左右。

地块的形状

为了便于受粉，可以选择正圆形或正方形地块，最外侧必须进行双株种植。

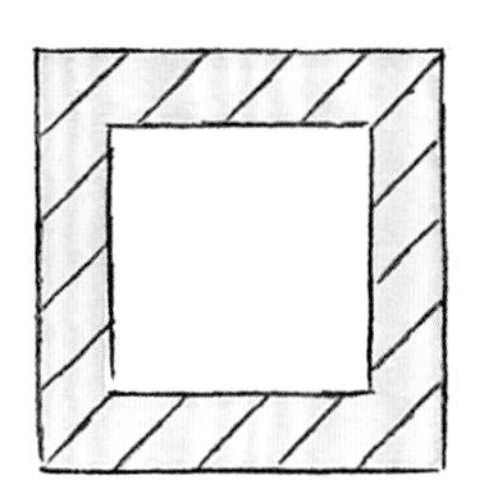

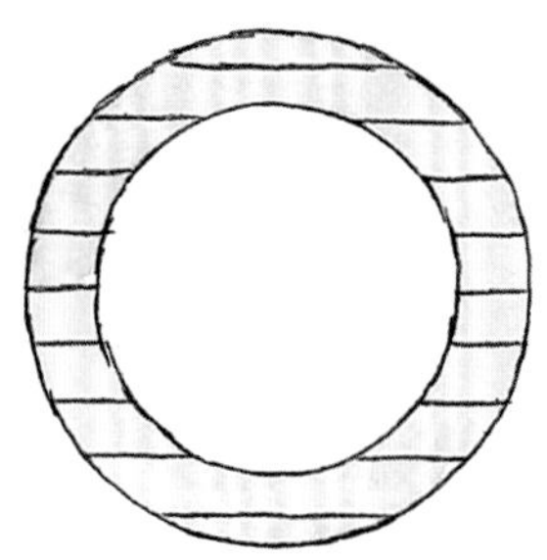

雌蕊接受了不同品种的花粉，就会夹杂着味道很糟糕的颗粒，这就是俗称的异粉性。所以，不同品种的玉米一定要相隔 100 米以上。

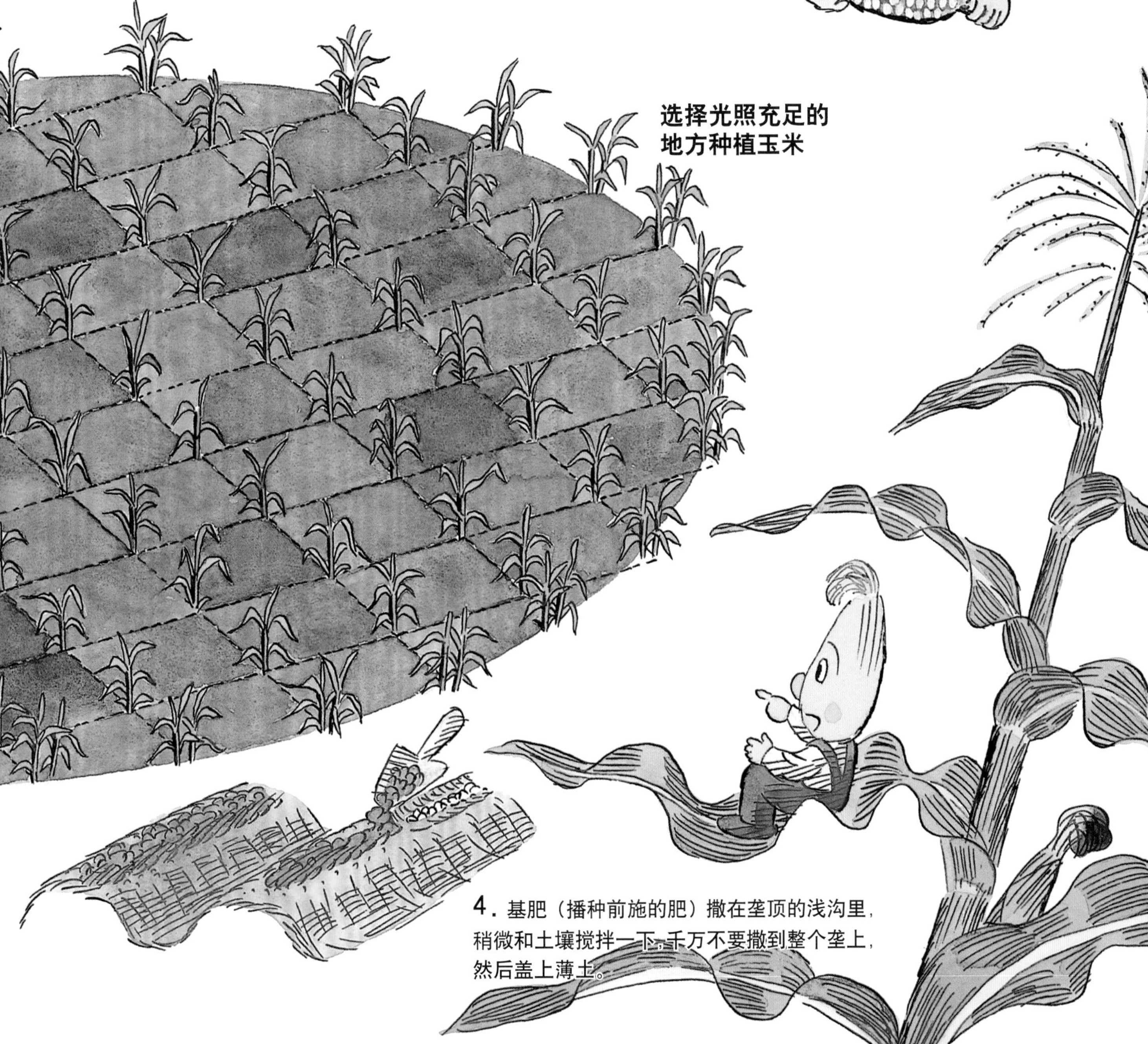

4．基肥（播种前施的肥）撒在垄顶的浅沟里，稍微和土壤搅拌一下，千万不要撒到整个垄上，然后盖上薄土。

8 春天播种，种植深度是 2~3 厘米哟

播种时间赶早不赶晚，这样才会长出健壮、抗倒伏能力强的植株，收获自然也就更加喜人。在温暖的地区，玉米遭受病害或虫害的可能性相对较低。记住，播种后要盖上 2~3 厘米的土壤。如果担心霜害，可以铺上一层稻草。即使遭遇霜害，等植株长出 3~4 片叶子时就会彻底复原。

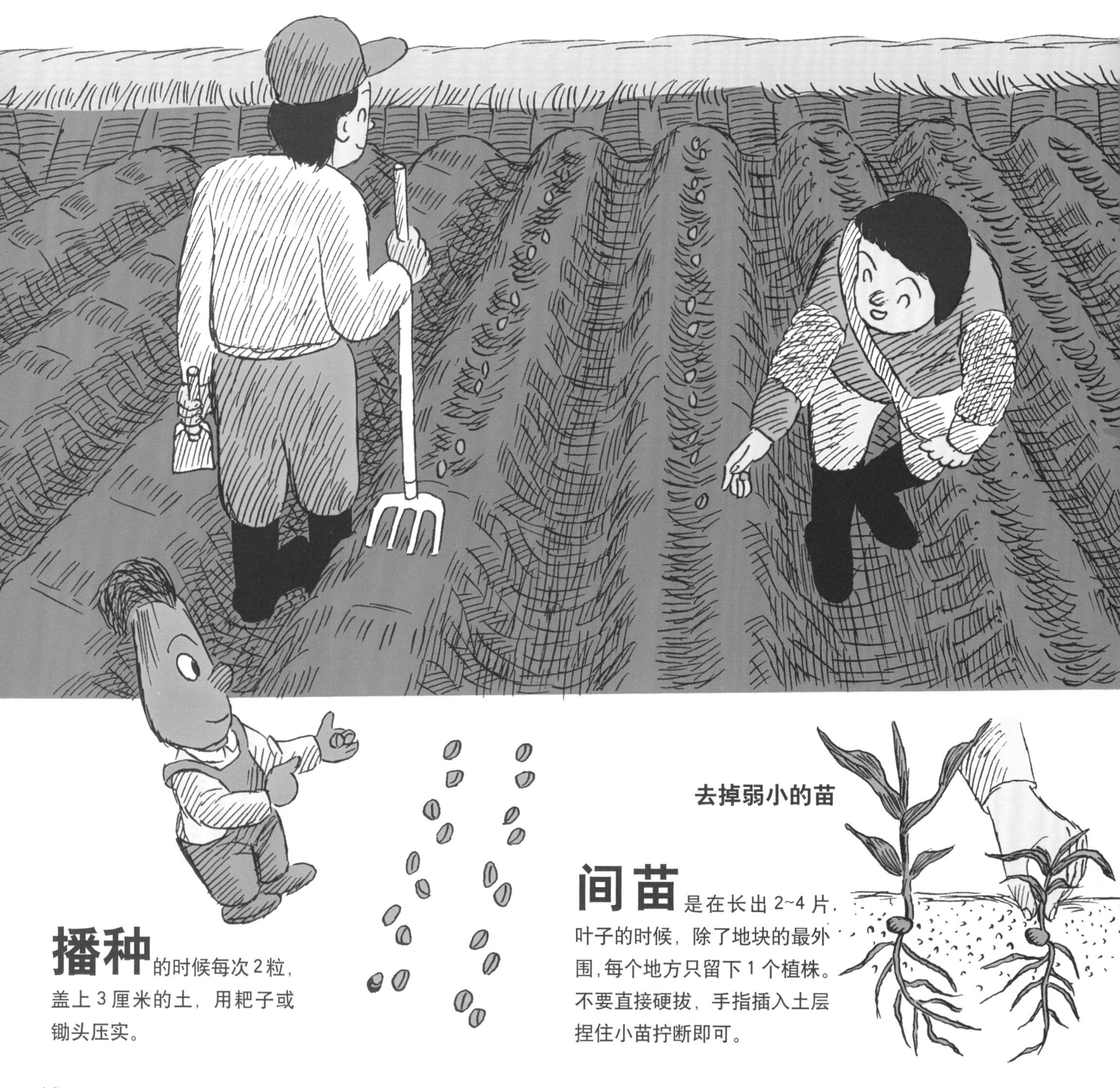

播种的时候每次 2 粒，盖上 3 厘米的土，用耙子或锄头压实。

间苗是在长出 2~4 片叶子的时候，除了地块的最外围，每个地方只留下 1 个植株。不要直接硬拔，手指插入土层捏住小苗拧断即可。

种子上附着有杀菌剂，所以完成工作后要用肥皂洗手。如果袋子里的粉末飞进嘴里，记得漱口哦。

肥料烧苗

如果第 3 片叶子发黑枯萎，仿佛一根细细的针，就说明施肥过度了！轻度症状时，苗下面的部分还活着，严重时，整株小苗都会枯萎。

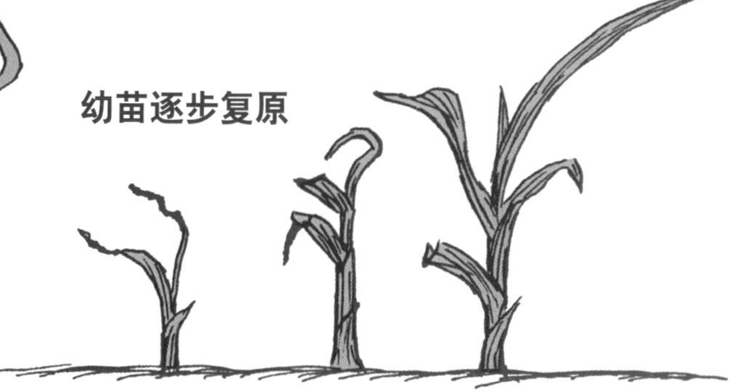

除草越早越好

假如杂草高过小苗，玉米不仅会失去接受阳光的机会，许多养分也会被夺走，长势会受影响，所以，杂草刚一露头就要除掉。

追肥（给生长中的小苗施肥）

长出 6~9 片叶子的时候必须追肥。施肥的位置要离开小苗一定的距离，最好在垄与垄之间挖沟，加入氮肥或氮钾肥后盖上土。千万小心别让肥料碰到根或叶子，这样会导致根叶烧苗枯萎。

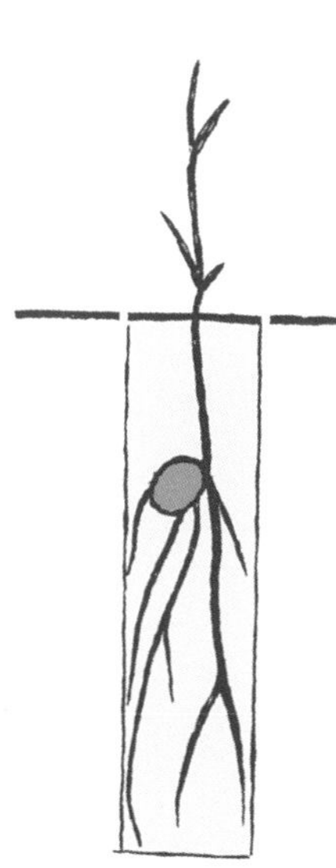

不要忘了补苗！

如果种子没有发芽，就要补上事先准备的小苗。土要盖到最下面的叶子底下，然后用脚踩实土层，可以不用单独追肥。请见第 33 页详解。

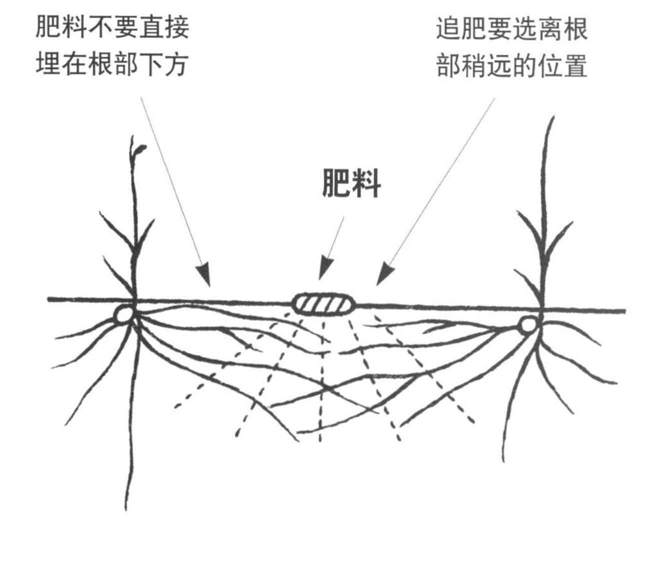

9 再等等就会有收获啦！

收获玉米的时候，一定要起个大早去玉米地哦！因为到了中午，玉米种子里储存的糖分就会消耗掉很多。那些还挂着露珠的玉米真的很好吃。而且还非常耐储存。

浇水

刚开始的时候不必浇很多水，长出 7~8 片叶子时，开花、收获前夕、叶子发蔫儿的时候可以浇水。浇水的时候先把整块地淋透，然后再集中向茎顶浇水。

分蘖

分蘖

收 2 茬

第 1 茬雌穗成熟后可以稍微提早一些采摘，这样就可以把第 2 茬雌穗当作小玉米收。

分蘖

可以帮助玉米结出更多的种子，防止植株倒伏，所以一定要保留。

如何判断收获时节

当玉米须变成茶褐色后，稍微打开玉米衣察看发育情况，如果玉米粒饱满，就可以收获整根玉米啦。如果不需要马上采摘，就一定要把玉米衣复原。

摘玉米的方法

一手紧紧按住雌穗的根部，另一只手把雌穗向下拉。

摘下的玉米越早吃口感越好！因为刚摘下的玉米还有很高的活力，随着时间的流逝，糖分会消耗殆尽。

摘玉米前一天如果发现土地干燥，就在垄与垄之间积一些水，这样可以收获多汁的玉米。

雌穗

下方提供营养的叶子受伤时，玉米会变得干巴巴的，所以千万要注意。

10 玉米的袋植法

如果地面没有土层,或找不到种植玉米的旱地,可以尝试袋植法。需要注意的是,为了防止雌穗受粉失败,结不出好吃的玉米,不要只种 1 株,而是尽量多种一些。例如,在校园或晒台上光照充足的地方,同在旱地种植一样,把袋子排列成圆形或方形。注意,仅排成一列会给受粉带来难度。

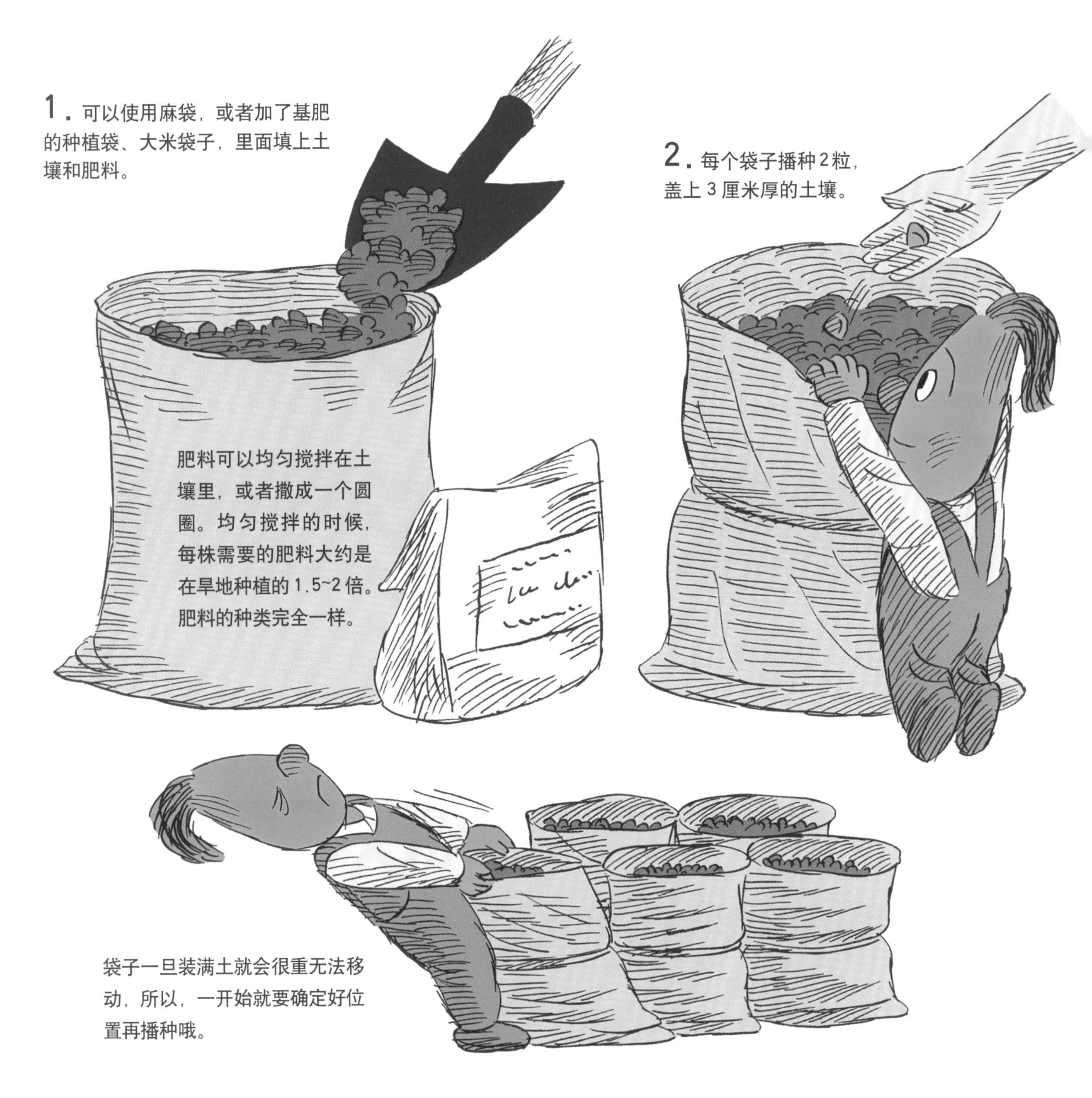

气根有什么用处呢？

准备 2 株袋植的玉米。一株多浇水，另一株正常浇水，请大家猜一猜哪株会长出气根（伸出土壤的根）呢？

11 幼苗须防虫害，成株须防病害

虽说照料玉米比其他农作物省心，但在一块土地上多年连续种植玉米，植株染病的几率也会增加，这种现象被称为“连作障碍”。最重要的对策和手段就是尽可能清除病虫害的寄生源头——杂草。一旦发现病株，立即将染病部分割除，然后用火焚烧。玉米病害中的黑穗病最为棘手，不过，墨西哥人居然把黑穗病的菌包当作食物，甚至还做成罐头销往各地。虽谈不上是美味珍馐，可据说，菌包自带的玉米清香不同凡响。

【叶部病变】

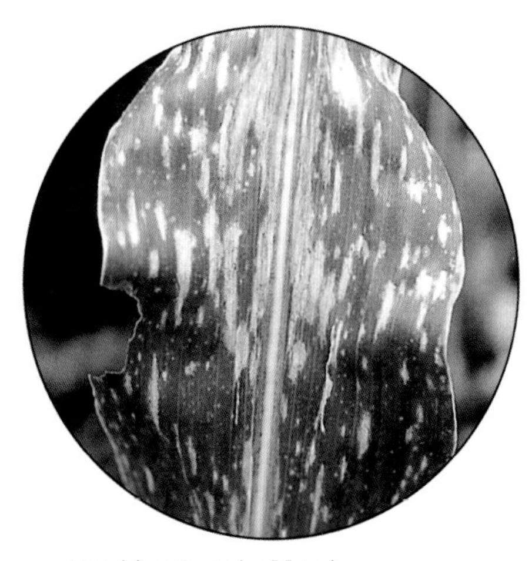

▲ 异旋孢腔菌病

植株下方的叶子出现褐色斑点，逐步形成芝麻状病灶，病变范围逐渐扩大。一般在缺乏肥料时会大规模发生，需要小心提防。

▲ 玉米大斑病

关东地区以北地域需要警惕玉米大斑病的蔓延。注意每年种植地块的轮换以及合理施肥，提高植株抗病能力，做到防病于未然。

▲ 玉米锈病

曾在日本关东地区以南大规模爆发过。首先在植株中心部分产生白色绢丝般的菌丝，随后染病范围向下方叶部扩展，最终在叶面形成铁锈色凸起物。经过一定时间，凸起部分破裂，释放出铁锈色的孢子，并逐步向附近的植株蔓延。

【果实病害】

黑穗病

俗称“鬼脸病”，曾在日本全国大规模流行。一旦出现病情，种植地块 5 年内均有爆发风险，是一种非常棘手的玉米病害。初期阶段是在玉米穗部出现白色斑点，随着病情恶化斑块会越来越大，形成外包薄膜的白色菌包。预防方法主要是避免连作和种子的彻底消毒。在田间发现白色菌包时，应立即拔除并焚烧。

【根部病害】

根腐病

收获季节到来之前，突然发生玉米枯死现象，并且用手可以轻松拔出枯死的植株。常见原因是根部遭受病菌感染，导致出现根部腐烂现象。

纹枯病

土壤中水分过多时，病原菌的活性会大幅增强，病害会从植株下方侵入。

【害虫】

玉米夜盗虫

啃食幼株生长点的害虫。

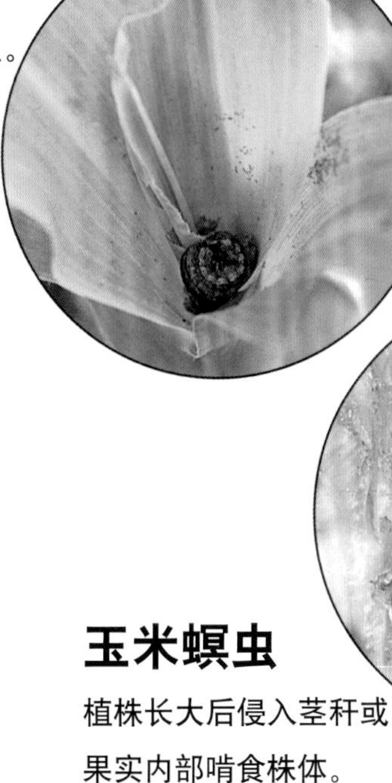

切根虫

啃食刚播下的玉米种子或初生幼芽。

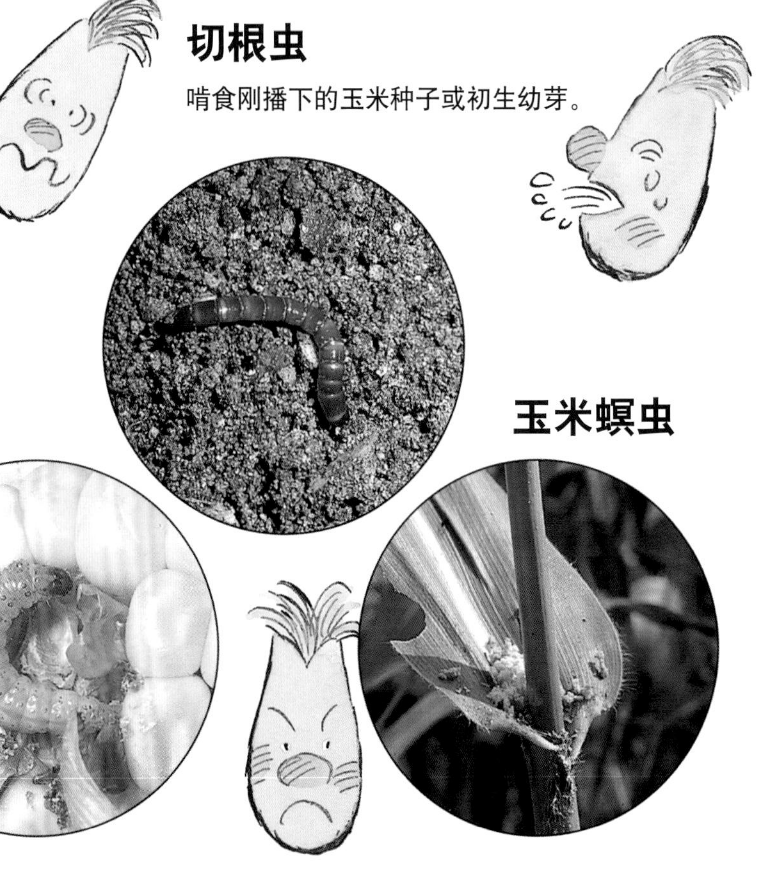

玉米螟虫

玉米螟虫

植株长大后侵入茎秆或果实内部啃食株体。

12 煮着吃、烤着吃

玉米摘下后不久，鲜度很快会消失，所以要尽快食用。如果不能马上食用，就应直接放入冰箱里，用较低的温度保存，或者煮熟后用塑料袋密封后放入冰箱冷冻格内，可以一直保存到新年来临哦！另外，吃剩下的玉米芯可不要扔掉啊，可以拿来制作富含植物纤维的茶饮料！

煮着吃

水开后撒一勺盐，投入玉米煮熟。

干燥

剥掉玉米衣直接晒干，或者脱粒后放在筛子上晒干都可以。食用时可用热水泡发后用油炒着吃。参考第 35 页详解。

烤着吃

用小火慢慢烤熟的玉米真是又香又甜啊。当玉米粒表面呈焦黑色时，里面的水分吱吱地往外冒就可以吃啦。

制做**玉米茶**饮料

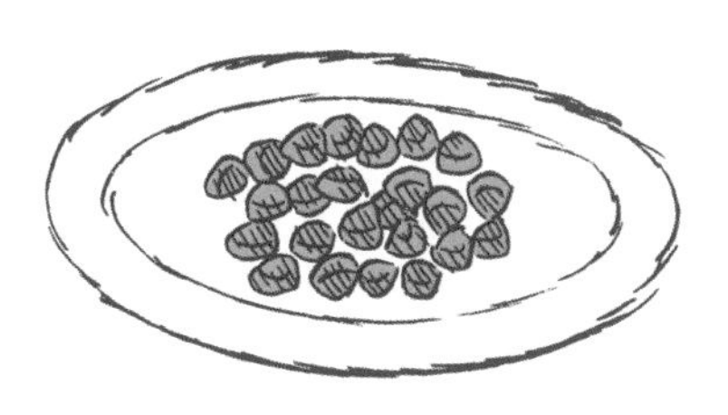

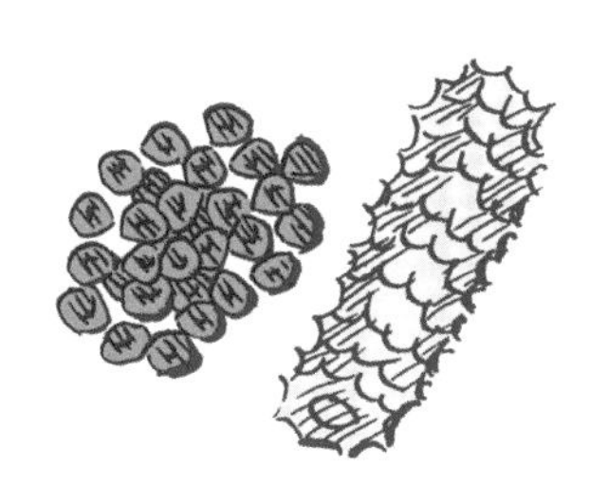

1. 选用非超甜玉米。

2. 将玉米干燥后脱粒，记得千万要保留玉米芯。

3. 用没有油的锅小火煎炒玉米粒，直到玉米粒变成巧克力色，放凉备用。

4. 将干燥后的玉米芯切成厚1厘米左右的小片，在锅内炒成茶褐色备用。

5. 将第3、4步制备的材料分别用粉碎机打成粉末。

6. 取相同分量的玉米粒和玉米芯的粉末加入茶壶中，注入开水即成。

最正确的吃法

玉米种子的外皮和与玉米芯相接的部分不易消化，对胃不好，吃的时候可以留在玉米芯上。

13 玉米全粒、玉米浆、玉米饼

我们可以打开平常商店里卖的玉米罐头，看看里面是什么！而且，对墨西哥人来说，玉米是主食玉米饼（墨西哥玉米卷的皮）的材料哦。

▲ 全粒玉米（制作色拉等）

煮熟后，避开根部用菜刀切下玉米粒。如果整根玉米不好切，可以分段切开。

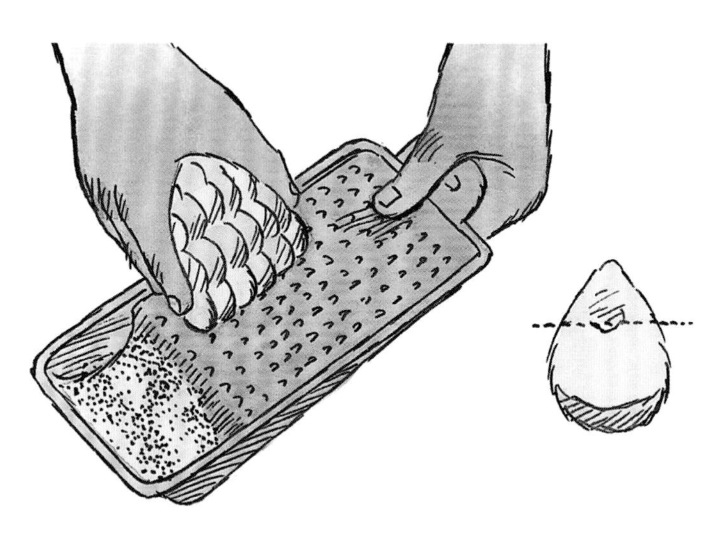

▲ 玉米浆（制作汤类）

把玉米煮熟后，注意避开玉米粒的根部，用擦菜板制作玉米浆。如果做玉米汁，就需要孔更密的擦菜板。

用纸气球做爆米花

1. 完整撕下小号纸气球封口上的银箔纸，装入约 120 粒的干燥爆米花玉米。

2. 把气球放进微波炉，一边观察一边加热约 2 分钟，如果效果不好还可以延长一段时间。

3. 撕开纸气球，撒盐后即可食用。

1. 取 1 升成熟的硬质玉米粒，可以做出 20~30 张玉米饼。

2. 锅中加入 1.5 升水，放入生石灰 2~5 克，浸泡玉米粒数小时。

3. 开火煮沸后保持沸腾状态 10 分钟。

4. 关火后浸泡 5~10 小时，直至种皮脱落。

5. 去掉种皮彻底控干水分，用研钵或是搅拌机打成粗粒，成糊状，可加入适量白糖。

6. 取鸡蛋大小的玉米团，垫在蜡纸（边长约 15 厘米的方形纸）或树叶、苞叶上，用手压成饼。

平底锅上的油要彻底清理干净。

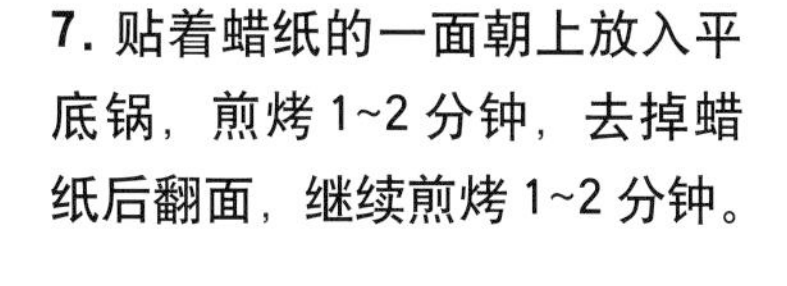

7. 贴着蜡纸的一面朝上放入平底锅，煎烤 1~2 分钟，去掉蜡纸后翻面，继续煎烤 1~2 分钟。

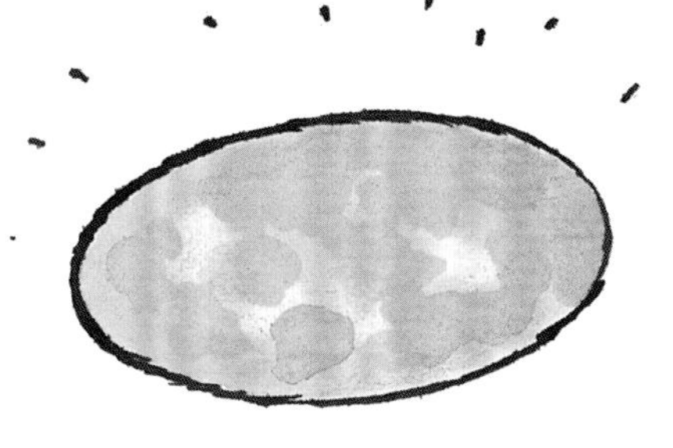

8. 两面都煎至焦黄即可出锅，夹上其他可口的配菜就是墨西哥玉米卷啦！

14 玉米须能长多长呢？

说到这里，小朋友们地里的玉米长得怎样啊？实际去种就会发现，还真不那么容易呢。让我们先做几个关于玉米的有趣实验吧！

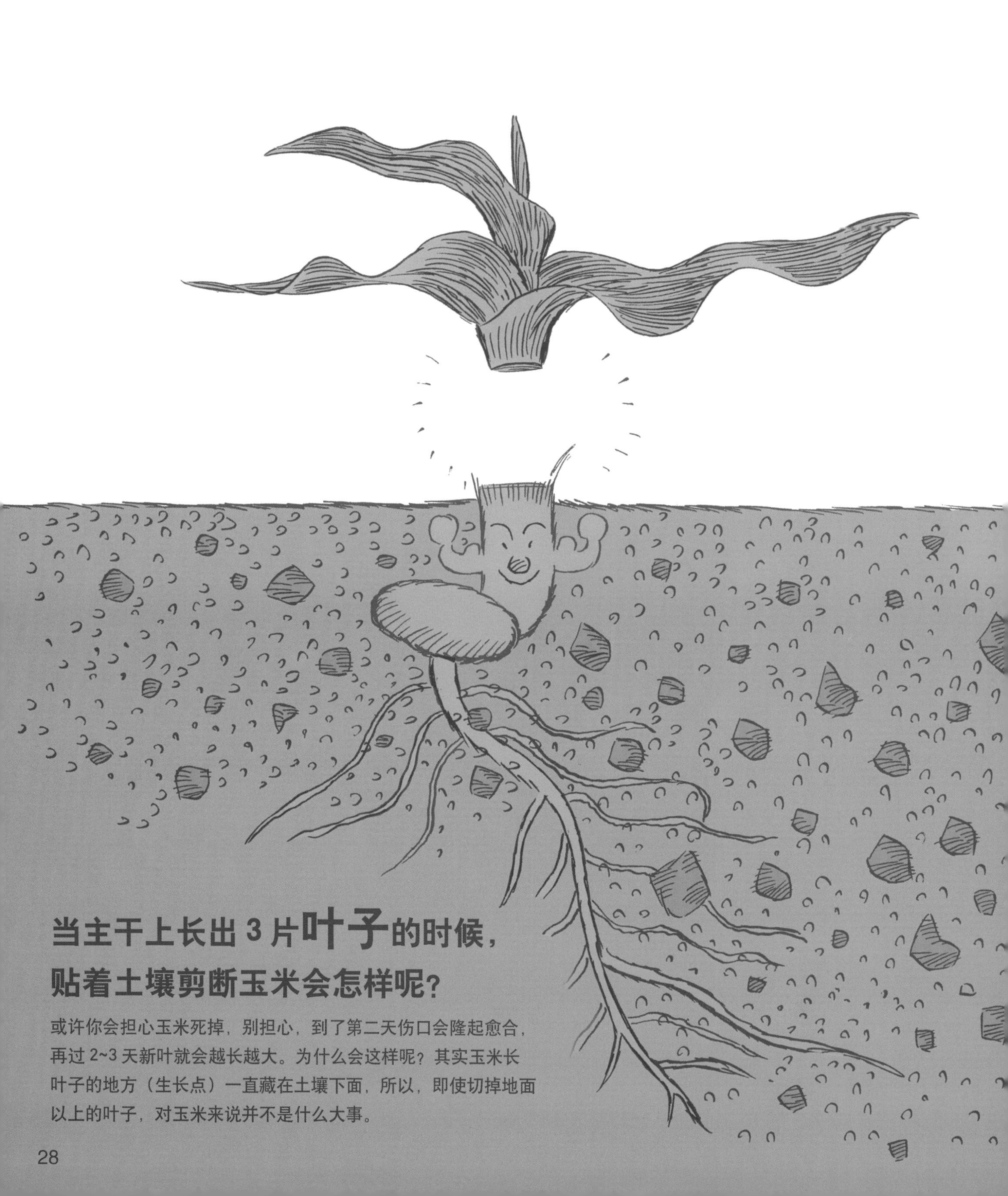

当主干上长出 3 片**叶子**的时候，贴着土壤剪断玉米会怎样呢？

或许你会担心玉米死掉，别担心，到了第二天伤口会隆起愈合，再过 2~3 天新叶就会越长越大。为什么会这样呢？其实玉米长叶子的地方（生长点）一直藏在土壤下面，所以，即使切掉地面以上的叶子，对玉米来说并不是什么大事。

玉米须的作用

1. 在玉米须即将长出之前，剪掉 2 厘米左右的雌穗尖端，套上纸袋用针固定好。

2. 玉米须长出来后马上去掉纸袋，把玉米须分成两股，用剪刀剪掉其中一股。

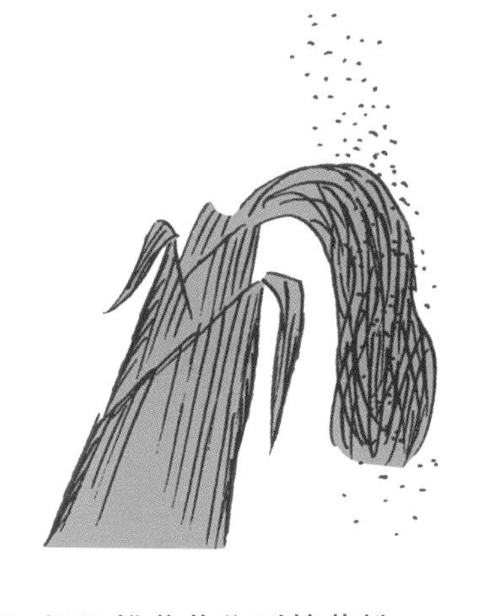

3. 把从雄蕊收集到的花粉撒满剩下的那股玉米须。注意别让花粉沾到另一股玉米须。

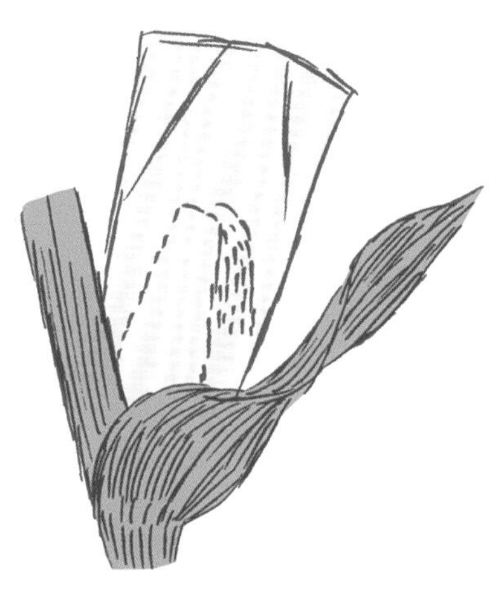

4. 为防止沾染其他花粉，再次给玉米套上纸袋。

5. 约 20 天后去掉纸袋，我们会看到什么样的情景呢？

6. 采摘玉米后剥掉玉米衣，仔细观察玉米的样子吧。

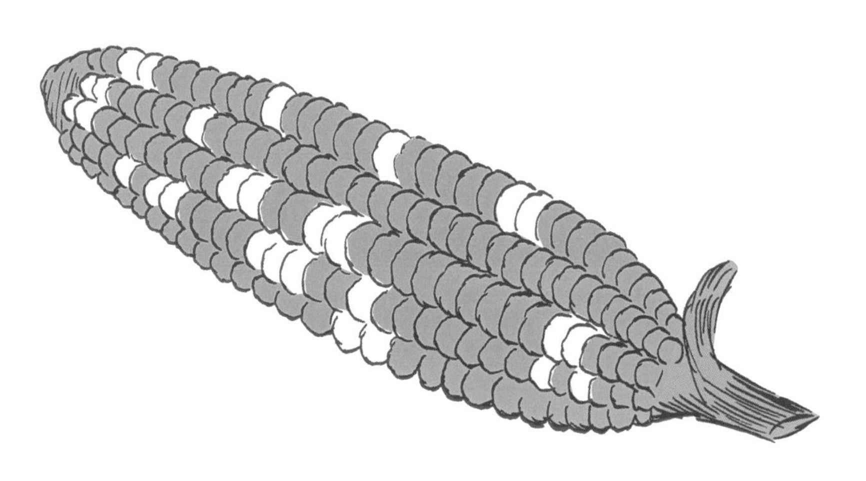

出现黄白双色的种子

黄色和白色种子的比率是 3∶1 哦。

15 从野生植物进化而来的玉米

距离墨西哥城 240 千米的南部有个特瓦坎溪谷，谷中有几个距今 7000 年前印加人居住的山洞。据说，世世代代居住在里面的印加人留下了大量的食物残渣。对那些残渣进行调查后，人们发现了许多玉米芯，可以说，那个时候印加人的主食就已经是玉米了。不过，经过比对还发现了很多有趣的现象。

美丽的粉色玉米须

玉米从拉丁美洲远渡重洋抵达欧洲，当初没有人把它当作食物。由于玉米须非常美丽，不少国王将它作为观赏植物种植在庭院里。就连日本的织田信长（历史人物）也欣赏过漂亮的玉米须。

今天的玉米

500 年前

从玉米芯窥探农业的起源

挖开堆积如山的生活垃圾，在最下方 7000 年前的地层中，人们发现了 2.5 厘米长的玉米芯；紧挨着它的上方是 4 厘米的玉米芯，随着地层越来越浅，玉米芯也越来越大。而最上面的玉米芯距今 500 年，从中可以看出，古代印加人很早就开始改良、栽种玉米啦。

7000 年前
2.5 厘米

上图为碳化后的玉米，与实物大小相同。

详解玉米

1. 玉米的三重身份（P2–P3）

因为人们喜欢吃煮熟或烤熟的玉米，往往把玉米当作零食或配菜直接食用，所以，甜味的玉米更受欢迎。这些甜味比较重的玉米其实是还没彻底成熟的种子。也就是说，这种颇受欢迎的未成熟的玉米种子属于蔬菜的一种。

与此不同，也有很多人专门食用彻底成熟的玉米。对他们来说，玉米属于粮食。因为在玉米成熟后，糖分会转化为淀粉，所以甜度会大幅下降，但是足以饱腹的淀粉就更多了。作为主食的玉米在成熟后经过干燥，再碾成玉米粉，加水揉制、烤熟后食用。直到今天，从墨西哥到安第斯高原一带的人们还将以玉米为原料的食物当作餐桌上的主食，包括煮玉米、窝窝头、玉米薄饼等。

据说，欧洲人移居美洲的时候，也因为同样的原因把玉米当作了主食。

17 世纪时，抵达北美洲詹姆斯敦、普利茅斯的英国殖民者必须与严酷的自然环境相抗争。尤其是普利茅斯地区，由于食物短缺，在第一个冬天殖民者就因病失去了半数人口。原因在于，欧洲人的主食小麦在当地难以生长，导致粮食危机持续了多年。而他们最终能够生存下来的关键就是玉米。

这是因为，一直生活在当地的印第安人向殖民者传授了玉米栽培技术，他们这才以玉米为食战胜了饥饿。从那以后，玉米就逐渐变成全人类的主食。吃不完的部分成为猪等家畜的食物，或波本威士忌的酿造原料。

玉米产出的绝大部分被当作家畜的饲料。除玉米植株被直接当作青饲料之外，多余的部分还可作为青贮饲料加以保存。保存期间，通过乳酸发酵，青饲料成为一种类似人类腌菜的青贮饲料。在严酷的冬季来临之时，青贮饲料可以代替绿叶饲料。青贮饲料的营养不比绿叶饲料差，据说，家畜们可爱吃啦，奶牛吃完就会产出更多的牛奶。

2. 以玉米为原料还可以做出这么多东西！（P4–P5）

玉米全身都是宝，真是一种了不起的农作物。

收获后剩下的叶和茎秆可以作为堆肥，包裹雌穗的玉米衣可作为草鞋、玩偶的材料。还有玉米须，干燥后可以入药。玉米芯干燥后煎煮可以做成茶饮料，据说，这种玉米茶还有保健作用呢。在我们的生活中，从玉米粒的胚芽中还可提炼出玉米油，也就是大家常见的食用油。

从玉米种子还能分离出淀粉（玉米淀粉），是鱼糕、粉肠之类加工食品和糕点的原料。玉米还是酿造啤酒、工业酒精的原料呢！它的用途可不少。此外，在造纸、纺织工业中，玉米淀粉可以作为黏合剂。在微生物的帮助下，玉米还能变成低热量、不引发蛀牙的甜味剂。

3. 叶片的数量就是玉米的年龄（P6–P7）

在生长周期中，不同品种的玉米长出的叶片数量完全不同。一般玉米大约会长出 13~20 片叶子。利用玉米的这个特性，通过统计叶子的数量即可大体推测出它的生长阶段。

正如第 7 页图示，玉米叶子由叶身和叶鞘构成。叶身是光合作用的主要舞台，叶鞘的主要作用是保护茎秆，防止茎秆折断。假如在玉米花开放前剥掉叶鞘，还没完全剥光整个植株茎秆就会折断。

玉米花分为雄花和雌花。本书中为了便于理解，将雄花的集合体称为雄穗，雌花的集合体称为雌穗。

玉米属于光合能力极强的 C4 级植物。所谓的 C4 有点难以理解，指的是在光合作用中能产生含有 4 个碳分子物质的植物。与此不同的是，假如产生 3 个碳分子物质的植物被称为 C3 植物，那么 C4 植物就比 C3 植物的碳元素吸收能力更强，也就意味着能储存更多的能量。玉米具有很强的光合作用能力，其原因在于，玉米叶片中光合作用的舞台——叶绿体比其他植物更大更多。

4. 毛茸茸的玉米须名堂可不小（P8–P9）

玉米的雌穗尖端长着毛茸茸的茶色长绒毛，它的名字叫玉米须，从玉米的雌花开始向外延伸，顶端就是玉米花的柱头。当花粉粘在柱头上时，花粉管就会顺着柱头向胚延伸，也就是说，花粉管在玉米须的内部生长。

1 支玉米雌穗上大约汇集了 300~500 个玉米花，其接受的花粉个数是实际需求量的 2000~5000 倍。虽然 1 个雌花仅需要 1 个花粉就足够了，但 1 株玉米能释放出约 2000 万个花粉。

所以说，虽然不必担心因花粉不足而影响玉米的结种，但是有时幼穗长成后，遇到雨水极度短缺、土地干旱的气候时，释放花粉的时间就与玉米须生长的时间出现严重偏差。遇到这种情况，雌穗结出的玉米不是出现种子缺失，就是变成畸形玉米。

7. 玉米能净化土壤（P14—P15）

种过玉米的旱地，土壤中导致作物生病的病原菌会变少，同时，玉米还会吸收掉土壤中多余的肥料，经过净化的田地无论种植什么作物都会长势良好。

为了帮助玉米受粉，最好将旱地划分为圆形或正方形，同时地块边缘做到双株播种。这样一来，无论风向怎么变化，总会有双株玉米在上风处。

要选择光照充足的地方种植玉米。注意，如果这块旱地前一年发生过严重的农作物疾病（或黑穗病），要至少休耕 5 年为好。如果条件允许，尽量选择前一年度没有种过稻科植物的田地，如种植根菜、叶菜类的田地。

排水不畅的地块应起高垄，或者加深垄旁水沟。此外，玉米不需要过度施肥，所以，一定要注意把握施肥量。

沾染了异种花粉的玉米会结出与预期完全不同、味道非常糟糕的种子，这就是常说的异粉性现象。假如计划在附近地块种植其他品种的玉米，一定要慎重考虑。如果位于上风与下风的田地间没有阻隔物，最好两块玉米地间隔 300 米以上。如有阻隔物，两个地块只要间隔 100~200 米即可。如果实在找不到足够的场地，就只能选种成熟期不同的品种，或者错开播种时间，防止释放花粉时遭受异种污染。尤其是甜玉米和超甜玉米，无论遭遇任何种类的花粉都会引起异粉性现象，千万要小心哦。

硬质玉米无论遇到任何种类的花粉都没有问题。不过，学校在种植玉米的时候会故意制造异粉性现象给大家展示，这样会使种植玉米更有乐趣。让大家猜猜玉米变化的原因，反而能激发大家的兴趣。

8. 春天播种，种植深度是 2~3 厘米哟（P16—P17）

在最适合发芽的温度 25℃ ~ 30℃（低于 6℃ ~7℃ 就不会出芽）时播种到出芽为止，每日平均气温为 10℃ 时需要 15~20 天，15℃ 时则需要 10~13 天。

需要用到铁锹、起垄机、整地用的铁耙、加肥料用的勺子或桶。

播种后加盖厚一些（3 厘米左右）的土壤，播种时间越早越好。

提前播种可以培育出健壮的茎秆，提高抗倒伏能力。在温暖的地区提前播种可以避开虫害。记住，播种的时候一定要盖上 2~3 厘米厚的土壤。此外，如果担心霜害还可以铺上稻草。即使遭遇霜害，等植株长出 3~4 片叶子也会彻底复原，不必太担心。

如果是甜玉米就 1 次播种 2 粒种子，超甜玉米 1 次播种 3 粒种子，出芽后，除了玉米地最外层保留双株，其他地方都是间苗成单株。间苗的时间越早越好，必须在长齐 3~4 片叶子的时候完成作业。间苗的时候注意防止弄伤留株，所以不要把淘汰苗连根拔起，只要切断它的生长点即可。

预计总共会有 15% 左右的缺苗，补苗的时候最好预备一些用育苗纸杯种植的小苗。这种纸杯苗非常方便，可以连同纸杯一起埋入土壤。在一般的园艺商店里就能买到这种高约 7~10 厘米的纸杯小苗。

补苗要用玉米地里种植的同种苗。自己培育纸杯苗时，必须在田间播种前 1~2 天实施纸杯播种，可以不施基肥。

产生缺苗的原因是田地耕作没有到位，导致新芽没法伸出地面，或在土壤中遭到害虫啃食，又或是施肥过多导致烧苗等等。

生长初期的玉米苗如果遭遇杂草覆盖，不仅会被夺去了光照空间，就连养分也会被吸收殆尽，生长发育将受到极大影响。当然，如果玉米已经长大，反而会遮住照向地面的阳光，杂草也就无法生存了。假如看到杂草滋生，可以用镰刀紧贴地面割断杂草。玉米苗附近的杂草或宿根可以用锄头进行半培土（拢土）覆盖，等杂草再次长出后用镰刀将半培土的部分割下，推进垄间的洼地里。

9. 再等等就会有收获啦！（P18–P19）

摘除分蘖茎秆，或者去掉多余雌穗等作业，容易弄伤为雌穗提供营养的托叶，最好避免这类作业。

不同种类或品种的玉米，分蘖的数量也不尽相同。越是品种改良不充分的玉米，分蘖的数量也就越多。此外，栽种方法也会影响分蘖的情况，营养条件越好的植株，分蘖数量越多。总的来说，最好不要摘除分蘖茎秆。

过度的中耕、培土有时会伤及玉米的根部，带来不良后果。培土最好仅作为玉米幼苗期除去杂草的手段使用。中耕可以在追肥的时候实施，追肥则在玉米长出 6~9 片叶子期间完成。

当玉米长出 7~10 片叶子时，对雌穗来说是最重要的时期。为了能收获丰硕的雌穗，田间作业的时候要完全避免伤到玉米的根和叶子。

为了判断收获时间，可以将玉米须伸出玉米衣的时间记录下来。根据记录时间可以推算出水分、淀粉、软硬最适中的收获时间。

在比较温暖的地区：玉米须出现后第 16~19 天。

在比较寒冷的地区：玉米须出现后第 18~25 天。

早晨带着露水收获的玉米味道最甜美，而且非常耐储存。到了中午或气温上升后收获的玉米中，原本光合作用产生的糖分为了满足玉米发育就会消耗掉一部分，甜度自然也会下降很多。所以，早晨清凉时分收获的玉米最好吃。

在寒冷地带，到了收获季节，或许也会遇到连续的低温天气，遇到这样的情况，要在天气好转的次日实施收获作业，如此才能收获味道甜美的玉米。

10. 玉米的袋植法（P20–P21）

玉米虽然和番茄、马铃薯等蔬菜一样，可以在田地之外的地方种植，但还是在田里种植的玉米味道最甜美。原因在于，田地里的环境更适合玉米植株的发育。

玉米袋植法虽然不多见，但只要小心照看还是行得通的。袋植法的窍门在于浇水的技巧，既不能形成水涝，也不能导致干旱，良好的排水管理是袋植法的要点之一。

气根的作用：不同品种的玉米，气根生长情况也不一样。一般来说，浇水过多时，根部无法有效发挥作用，就会长出气根。气根扎入土壤中同样会吸收养料和水分。

11. 幼苗须防虫害，成株须防病害（P22–P23）

在玉米的生长周期中，长到第 4~5 枚叶片的时候最不能大意，必须经常巡视田间，关注玉米发出的“求救声”。

▼异旋孢腔菌病

除了叶子，茎和玉米衣也会患病。

通常情况下，要彻底除掉田边的杂草，反过来也证明了除草的重要性。

▼玉米锈病

杂草中的酢浆草是这种病的宿主，田地周围的酢浆草必须彻底清除。

假如田地周围是树林或者繁茂的杂草包，幼苗期的玉米很可能遭到菖蒲夜盗蛾，以及其他夜盗蛾类、夜蛾类、草螟亚科、切根虫幼虫的啃食，严重的时候甚至会颗粒无收。

▼玉米螟虫

玉米螟虫在寒冷地带一年发生一代，较温暖地区地区一年发生一至两代，甚至三代害虫。它们啃食玉米的叶、茎、穗，钻入植株内部，从入口处排出大量缠绕着虫丝的粪便。一旦幼虫进入茎秆内部，农药就难以发挥作用，必须在雄穗长出花药前完成农药打药作业。如果是在雄穗或雌穗长出后才发现虫害，只能全面喷洒农药，集中焚烧遭遇过虫害的植株。

＊不同地区的农药使用法规也不同，从用量到种类都有不同规定。如何合理使用农药必须咨询当地的农药试验场、农药改良普及中心等部门。

＊想要了解玉米的早期病虫害、发育障碍分析诊断等信息的读者，请阅读玉米的栽培方法相关知识书籍。

12. 煮着吃、烤着吃（P24–P25）

干燥玉米粒的制做方法

从植株上摘下玉米后，剥掉玉米衣，自然干燥一段时间后脱粒，放入冰箱内保存，或在干燥筛上再次干燥后保存。

吃的时候用热水泡发，油炒后食用。

自古以来，玉米也作为插花材料经常出现在艺术作品中。一般使用干燥后的雌穗（带柄）中外形颜色相似的个体，或带异粉性特征的个体。今天的日本还在使用草莓形状的“草莓玉米”或小型“天使玉米”作为插花材料。单单用干燥后的玉米装饰教室都会让人觉得非常有趣。

13. 玉米全粒、玉米浆、玉米饼（P26–P27）

在古代，国外以玉米为原料的食物还有以下几种。

墨西哥玉米面团包馅卷：用玉米粉做的团子加入肉馅后，包裹雌穗上的玉米衣蒸熟，是墨西哥街头极为常见的小吃。

莫特：一种印加（与玛雅、阿兹特克都是南美洲古代印第安人文明）菜肴，将全粒玉米和辣椒等香辛料混合后煮到玉米开花为止。

玉米饼：用玉米粉烙出来的薄脆饼。

墨西哥玉米卷：用玉米饼卷着烤肉、蔬菜、辣椒酱做成的主食。

14. 玉米须能长多长呢？（P28–P29）

基本上长出3~4片叶子后，玉米苗就不用再操心啦，不过，到了5~6片叶子的时候，玉米的生长点露出了地面，此时剪掉地表以上的玉米植株就会破坏生长点，整株玉米的生长发育将受到极大影响，严重时有可能枯死。

玉米须的用途

为了保证玉米顺利受粉，可以推迟1周单独种下1株玉米，或者在3天以内收集别的玉米花粉冷藏保存。

实验结果：受粉后玉米须不再生长，变成茶褐色后逐渐枯萎，而被剪断的那些玉米须则继续生长。收获后剥掉玉米衣就可看到，受过粉的玉米须均长出了玉米种子。

黄色与白色种子的比例为 3：1

造成这个比例的奥秘在于孟德尔的分离定律：带着不同特征的亲本玉米植株受粉后，亲本的特征将会依照一定的比例（这种情况为3：1）反映在子代身上。

15. 从野生植物进化而来的玉米（P30–P31）

对印第安人的无数部族来说，玉米作为来自上天的恩赐受到顶礼膜拜。它不仅仅是一种主食，在重要的祭祀节日或丧礼上也同样不可或缺。

玛雅神话中流传着这样的说法：最早的人类就是用玉米制造出来的。在玉米播种的季节里，不许进行任何战争行为，正在进行的战争也必须中止。此外，玉米本身也化身多个神祇广受世间敬拜。

据说，阿兹特克人建立了一个名叫希佩托特克的神殿，专门在这里向希罗恩（玉米嫩芽之母）献祭少女，以此祈祷玉米丰收。

居住在南美洲安第斯山脉的印加人，每到四月节就会献舞祭拜玉米之神。而在北美洲，对玉米之神信仰更加虔诚的纳齐滋部族也会举行热闹非凡的玉米庙会。

后记

（致小朋友们）

很久很久以前，玉米就在北美大陆印第安人的呵护下繁衍生长，年复一年，今天的玉米已变成不怕严寒酷暑、遍布全球的农作物。无论什么样的气候和土壤，玉米都能茁壮成长，其中的奥妙就在于玉米拥有强大的生存能力。大家在栽种玉米的时候，就会直接体会到玉米最了不起的地方。

本书的最大目的就是帮助大家了解玉米。玉米作为一种农作物，还有许多未解之谜。大家在种植玉米的时候一定要好好观察，说不定就能发现这本书没有提到的新秘密呢。还等什么，大家一起去种玉米吧！

（致大朋友们）

学校里的菜园教育越来越无法忽视，它对孩子们的成长具有不可低估的效果。家庭菜园对成年人的影响广为人知，也就是说，通过种植植物，以潜移默化的方式，促进心灵转向健康、净化、自强之路。在此过程中，最重要的是趣味性和愉悦性的结合度（易对接性）很高。关于这一点，本书通过简单易懂的方式解析了玉米的不同器官，以及不同生长阶段的知识，可以作为菜园教育的首选参考资料。

心动不如行动，先把玉米种下看看吧！只要动手，就会发现许多难以理解和应提出质疑的现象，不过，最后肯定能收获满满的感动。有了这些就值啦！不过，还要提醒一句，本书最大的目的在于“播下种子加以照看，通过栽培过程和收获结果体会其中的乐趣，培养一颗探求自然之心，让自己成长为一个坚韧不拔的人”。

户泽英男

图书在版编目（CIP）数据

画说玉米/（日）户泽英男编文；（日）大久保宏昭绘画；同文世纪组译；陈广琪译. ——北京：中国农业出版社，2022.1
（我的小小农场）
ISBN 978-7-109-27868-4

I. ①画… II. ①户…②大…③同…④陈… III. ①玉米－少儿读物 IV. ①S513-49

中国版本图书馆CIP数据核字（2021）第022673号

■写真・資料をご提供いただいた方々
P4 オニカワ人形　アトリエぽぷり（北海道美瑛町）
P10~P11 品種の写真　トキタ種苗株式会社
P22 病気の写真　但見明俊（草地試験場）
P23 黒穂病の写真　米山伸吾（元茨城県園芸試験場）
P23 害虫の写真　木村裕（大阪府農林技術センター）
P31 古代のトウモロコシ　Paul C.Mangelsdorf.Corn Its Origin Evolution and Improvement.The Beiknap press of Harvard University Press.1974
撮影　小倉隆人（写真家）千葉寛（写真家）

■参考文献
スイートコーンのつくり方　戸沢英男著　農文協刊　定価 1365 円（本体 1300 円）

户泽英男（Tozawa Hideo 曾用姓：栉引）
1940 年生于青森县南津轻郡平贺町大字定。毕业于柏木农业高中、弘前大学农学系，同期加入十胜农业试验场从事玉米相关试验研究工作。自 1982 年中期开始，历经日本农业水产部农业研究中心、北海道农业试验场、（日本）中国（地区）农业试验场、四国农业试验场等地职务，于 2000 年 4 月任满退休。目前担任日本生物系特定产业技术研究推进机构（生研机构）研究组长，农学博士。著作包括《玉米栽培技术》（农文协 /1981）、《甜玉米栽培技术》（农文协 /1985）等，以及大量其他共同著作。

大久保宏昭（Okubo Hiroaki）
生于日本兵库县，毕业于阿佐谷美术专科学校。作为设计师步入社会，曾在多个广告公司内任职，后成为自由职业者。作品包括《抓紧》（柴尔德总社）、《平假名あいうえお》（偕成社）、《女巫和时光机》（金星社）、《学会学做图鉴》（爱丽丝馆）等。

我的小小农场 ● 18
画说玉米
编　　文：【日】户泽英男
绘　　画：【日】大久保宏昭
编辑制作：【日】栗山淳编辑室

Sodatete Asobo Dai 1-shu 5 Tomorokoshi no Ehon

合同登记号：图字 01-2021-3827 号

责任编辑：刘彦博
责任校对：吴丽婷
翻　　译：同文世纪组译　陈广琪译
设计制作：张　磊
出　　版：中国农业出版社
（北京市朝阳区麦子店街18号楼　邮政编码：100125　美少分社电话：010-59194987）
发　　行：中国农业出版社
印　　刷：北京华联印刷有限公司
开　　本：889mm × 1194mm　1/16
印　　张：2.75
字　　数：100千字
版　　次：2022年1月第1版　2022年1月北京第1次印刷
定　　价：39.80元